からすのえんどう
3〜6がつ（②かん）

はるじおん
4〜7がつ（②かん）

かきつばた
5〜6がつ（③かん）

はまひるがお
5〜6がつ（③かん）

りゅうきんか
5〜7がつ（③かん）

みずばしょう
5〜7がつ（③かん）

あじさい
5〜7がつ（①かん）

のあざみ
5〜8がつ（②かん）

おらんだがらし
5〜8がつ（③かん）

監修のことば

花は どうやって さくのでしょうか？

まだ 花が さくまえの ようすは 「つぼみ」と よばれます。

つぼみって ふしぎです。

つぼみの中では 花を さかせる じゅんびを しています。どんな じゅんびを

しているのでしょう？ つぼみの中は どうなっているのでしょう？

つぼみの なかみを 見たくなりますが、じっと 花が さくのを まってあげましょう。

つぼみは、まいにち まいにち せいちょうして、だんだん 大きく なっていきます。

いったい、どんな 花が さくかな？ たのしみですね。

花に いろいろあるように、つぼみにも いろいろな かたちや いろが あります。

さいている 花は 目立ちますが、つぼみは あまり目立ちません。

つぼみのときから かんさつして みると、もっと その花のことが

わかるかもしれません。もしかすると、あたらしい はっけんが あるかもしれません。

しょくぶつには、さまざまな 花が あります。

どうして いろいろな 花が あるのでしょうか。

もしも、きいろい 花が すぐれていると したら、すべての 花は きいろになって

しまうかもしれません。でも、じっさいには、どの花が すぐれているのかは

きまっていないのです。きいろい 花も、白い 花も、ピンクの 花も、みんな それぞれ

すぐれています。大きい 花も 小さい 花も、みんな それぞれ すぐれています。

どの花が 一ばんということは ありません。どの花も みんな すぐれています。

だからこそ、しょくぶつの つぼみは、まようことなく じぶんの 花を さかせるのです。

稲垣栄洋 (いながき ひでひろ)

1968年静岡県生まれ。静岡大学大学院教授。農学博士。専門は雑草生態学。岡山大学大学院修了後、農林水産省、静岡県農林技術研究所などを経て現職。「みちくさ研究家」としても活動し、身近な雑草や昆虫に関する著述や講演を行っている。著書に、『面白すぎて時間を忘れる雑草のふしぎ』(三笠書房《王様文庫》)、『世界史を変えた植物』(PHP文庫)、『はずれ者が進化をつくる』(ちくまプリマー新書)、『生き物の死にざま』(草思社)など多数。

つぼみのずかん

のやまの はな

稲垣栄洋●監修

金の星社

きれいに　さいた　はなは、
どうやって　つぼみから　ひらくのでしょうか。
このほんでは、のやまの　はなの　つぼみや
さきかたを　しょうかいします。

くびを　したに
むけたような
つぼみ

まるくて
つんつんした
ものが　ついた
つぼみ

ほそながい
つぼみが
なんぼんも　ついた
つぼみ

かみふうせんのような　つぼみです。
うっすらと　あおむらさきいろが　みえますね。

なんの　つぼみでしょう。

ききょうの
つぼみです。

あきに　ほしのような　かたちの
はなが　さきます。

ききょうは　1まいの　はなびらの　さきが、
5つに　わかれて　ひらきます。
はなの　まんなかに　おしべと　めしべが　あります。
さきに　おしべが　のびて、
つぎに　めしべが　ひらきます。
めしべの　さきは、5つに　わかれています。

ききょうの　はな

もうすぐ　ひらきそうな
ききょうの　つぼみ

ききょうの　つぼみは、
かみふうせんが　ふくらむように
そだちます。
やがて　つぼみの　さきが　われて、
すじの　きれめから　めくれるように
はなびらが　ひらいていきます。

ひらきはじめた
つぼみ

ひらいた　はな

はなに　むしが　くるのは　なぜ？

はなが　さくと、　いろいろな　むしたちが　やってきますね。

きれいな　はなを　みに　くるのでしょうか。

いいえ、じつは　はなが　むしたちを　よんでいるのです。

はなの　おくには　あまいみつ、おしべの　さきには　かふんが　あります。

むしたちは　はなの　みつを　すったり、かふんを　たべたりします。

むしが　はなに　とまると、むしの　からだに　かふんが　くっつきます。

つぎに　べつの　はなに　いくと、むしの　からだに　ついた　かふんが、

そのはなの　めしべに　くっつきます。

すると、めしべの　なかに　たねが　はいった　みが　つくられます。

はなは、　めだつ　はなびらや　かおりで　むしたちを　よんで、

みを　つくる　てつだいを　してもらっているのです。

あざみの　はなの　おくにある
みつを　すう
あげはちょうの　なかま

ひまわりの　はなに　とまり、
からだに　かふんが　ついた
みつばち

ぎゅっと　かたく　とじた　まるい　つぼみです。
はるに　なると、みちばたや　のはらに
きいろい　はなが　さきます。

なんの　つぼみでしょう。

たんぽぽの　はな

たんぽぽの　つぼみです。

まるく　ひろがった　はの　まんなかから　のびる
くきに、　1つの　つぼみを　つけます。

つぼみの　そとがわから　はなびらが
ひらきはじめ、つぎの　ひには　ぜんぶの
はなびらが　ひらきます。
はなは　ゆうがたには　とじて、
あさに　なると　また　ひらきます。
たんぽぽは　1まいの　はなびらが
1つの　はなです。ちいさな　はなが
たくさん　あつまって　さいているのです。
はなの　あとには、はなびらの　かずだけ
わたげを　つけた　たねが　できます。

ひらきかけた　つぼみ

たんぽぽの　はなと　ふわふわの　わたげ

8

ちかづいて　みないと　きがつかないほど
とても　ちいさな　つぼみです。
まだ　さむい　はるの　はじめから、あおい　はなが　さきます。

なんの　つぼみでしょう。

おおいぬのふぐりの
つぼみです。

ひなたに　さく　おおいぬのふぐりの　はな

びっしりと　よこに　ひろがった　くきと　はの　あいだから
たくさんの　つぼみが　のびてきます。

ひらきかけた　つぼみ

あさはやくに　ひなたで　はなびらが　ひらきはじめ、
なかから　2ほんの　おしべと
1ぽんの　めしべが　あらわれます。
はなびらの　かずは　4まいに　みえますが、
ねもとで　つながっています。
はなびらを　ひろげた　おおきさは
1せんちめーとるもないですが、
あおい　いろが　よくめだつ　はなです。
はなは、ゆうがたまでには　とじて
ちってしまいます。

はの　わきから、２つの　つぼみが　でていますね。
うっすらと　あかむらさきの　はなびらの　いろが　みえたら、
もうすぐ　さく　あいずです。

なんの　つぼみでしょう。

からすのえんどうの　つぼみです。

からすのえんどうの　はな

はるに、ちょうが
はねを　ひろげたような
かたちの　はなが　さきます。

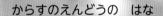

まえから　みた　はな

からすのえんどうの　はなびらの　かずは　5まいです。
おおきな　1まいの　はなびらが　めくれるように　ひらくと、
2まいが　みえます。
そのおくにも　ちいさな　2まいの　はなびらが　あり、
めしべと　おしべを　つつんでいるのです。

はなの　あとには、たねが　はいった
ながい　さやが　できます。

さやは　じゅくすと
くろくなる。

したを　むいて　しょんぼりしているような　つぼみです。
でも、はるから　なつまで
しろや　ぴんくいろの　ちいさな　はなが
げんきに　さきます。

なんの　つぼみでしょう。

はるじおんの
つぼみです。

つぼみは　はじめは
したを　むいていますが、
はなが　さくときには
うえを　むきます。

うえを　むいて
ひらく　はな

はるじおんの　はな

はるじおんは、くきの　うえのほうに
いくつもの　まるい　つぼみを　つけます。
ほそながい　はなびらが　そとがわに　むかって
ひらくと、まんなかには　きいろい　つぶつぶが
あつまっています。
ほそい　はなびらも　きいろい　つぶも
1つ1つが　べつの　はなです。2しゅるいの
ちいさな　はなが　あつまって、
1つの　はなのように　みえるのです。

よくにた　ひめじょおん（ひめじおん）は、
つぼみが　したを　むかない。

14

はに　たくさんの　とげがあり、
さわると　ちくちくして　いたいです。
つぼみも、とげのある　はに　まもられています。

なんの　つぼみでしょう。

のあざみの　つぼみです。

のあざみの　はな

とげだらけの　ぼーるのような
つぼみの　うえから、
あかむらさきいろの　ほそながい
はなびらが　あふれだすように
ひらいていきます。

もうすぐ　ひらく　のあざみの　つぼみ

１つの　はなは、ほそながい
１まいの　はなびらを　もつ
たくさんの　はなが　あつまって
できています。
はなの　したに　ついている
とげのある　はは　さわると
べたべたします。

ひらいていく　はな

ひらいた　はなに　むしが　とまると、
はなの　さきから　しろい　こなが
でてきます。
こなは　はなの　おしべから
おしだされてきた　かふんです。
むしに　かふんを
はこんでもらうための　しくみです。

ひらいた　はな

17

とおくへ ちらばる たね

くさや きの たねは、じめんに おちて めが でます。
たねが おなじ ばしょに たくさん おちると、1つ1つの めが
そだつ ばしょが せまくなり、おおきく なれないことも あります。
たねが あちこちに ちらばった ほうが、ひろい ばしょや
ひあたりが よい ばしょなど、よい ばしょで そだつ ことが できます。

▶たんぽぽの はな

たんぽぽの たね。たねに ついている
ふわふわの わたげが ひろがり、かぜに のって
とおくまで とんでいく。

▶からすのえんどうの はな

からすのえんどうの たね。「さや」という ぶぶんに
つつまれている。さやが かわくと われて、
なかから たねが はじけて とびでてくる。

▶きばなこすもすの はな

きばなこすもすの たね。さきの とがった
ぶぶんが ひとの ふくや どうぶつの けに
くっつき、とおくまで はこばれる。

▶すみれの はな

すみれの たね。すみれの たねには、むしの
ありが すきな しろい かたまりが ついている。
ありが たねを すに もちかえることで
とおくへ はこばれる。

ほそい　つぼみの　さきっぽに、
ひらひらした　はなびらが　みえますね。
なつから　あきに　ぴんくいろの　はなが　ひらきます。

なんの　つぼみでしょう。

19

かわらなでしこの
つぼみです。

のびた　くきの　さきに、ほそながく　とがった　つぼみを　いくつも　つけます。

かわらなでしこの　はなは、ちょっと
かわっています。はなびらは　5まいですが、
さきの　ほうから　はんぶんぐらいまで
いとのように　ほそく　さけているのです。
はなの　おおきさは　4せんちめーとる
ほどで、はなの　したには　はが
かわった　ながい　つつのような
かたちの　「がく」と「ほう」があります。
かわらなでしこは　むかしから
したしまれてきた　はなで、
「あきの　ななくさ」の　1つです。

なんぼんにも　ほそく　さけた　はなびら

いねの　ほのような　かたちに、
ちいさな　つぼみが　あつまっています。
はなの　つきかたに　おもしろい　とくちょうが　あります。

なんの　つぼみでしょう。

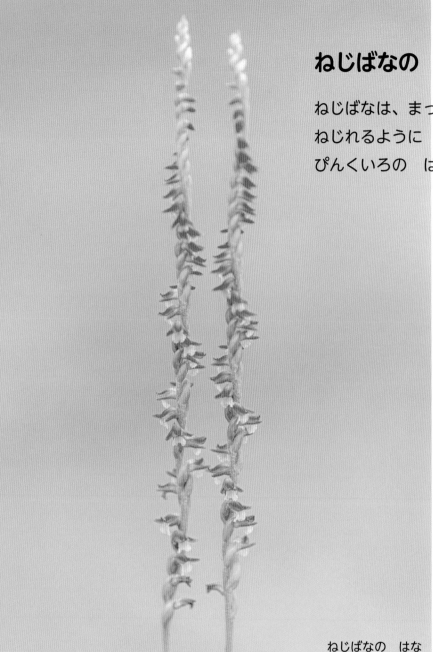

ねじばなの　つぼみです。

ねじばなは、まっすぐ　のびた　くきの　まわりを
ねじれるように　ぐるっと　とりまいて
ぴんくいろの　はなを　さかせます。

ひらきかけた　つぼみ

よこむきに　ひらく　はな

ねじばなの　はな

はなは　はるから　あきに、したから
じゅんばんに　よこむきに　さいていきます。
1つの　はなの　おおきさは　5みりめーとるほどしか
ありませんが、よく　みると　3まいの　はなびらと
はなびらに　かわった　はが　あり、きれいです。
ねじれる　まきかたは　みぎまきも　ひだりまきも
あります。
なまえは　はなの　つきかたから　つけられました。

ほそながくて　おおきな　つぼみです。

はなも　とても　おおきくて　よい　かおりが　するので、

やまの　なかでも　よく　めだちます。

なんの　つぼみでしょう。

やまゆりの　つぼみです。

やまゆりの　はな

なつに、20せんちめーとる　いじょうも　ある　おおきな　はなが
よこを　むいて　さきます。

1ぽんの　くきに　さく　いくつもの　はな

やまゆりの　つぼみは、はじめは　ちいさくて
みどりいろです。
つぼみは　ながさが　１０せんちめーとるほどに
そだつころには、いろが　まっしろに　なります。
やがて、すじが　さけるように　６まいの
はなびらが　そりかえって　ひらくのです。
はなは、とても　つよくて　あまい　かおりが
します。
やまゆりは、おおきくて　きれいな　はなと
かおりから、ゆりの　おうさまと　よばれています。

いぬの　しっぽのような　かたちの　ほに、
たくさんの　つぼみが　ついています。
ちいさな　はなが　つぎつぎに　さき、
はなの　ほが　できあがります。

なんの　つぼみでしょう。

くずの　つぼみです。

たくさんの　はなが　ひらきはじめた　ほ

くきは　つるに　なって　からまりつく。

はの　わきから、ながさが
20 せんちめーとるほどの　ほが　のびて、
たくさんの　つぼみが　つきます。

くずは　つるを　ながく　のばし、おおきな
はを　たくさん　つけて、ほかの　しょくぶつを
おおいかくすように　ひろがります。
なつに、あかむらさきいろの　はなが
ほの　したから　さいていきます。
1つの　はなは　2せんちめーとるほどで、
はなびらの　かずは　5まいです。
ぶどうに　にた　あまい　かおりがします。
むかしから「あきの　ななくさ」の1つとして
しられています。

ほそながい　つぼみが　あつまっていますね。
あきに、あおむらさきいろの　はなが　さきます。

なんの　つぼみでしょう。

りんどうの つぼみです。

はの わきや くきの さきに、いくつかの つぼみが
うえを むいて つきます。

りんどうの つぼみ　　　ひらきかけた はな

りんどうの はなと つぼみ

りんどうの つぼみは、
そふとくりーむのように
すこし ねじれています。
はなびらの かずは 1まいで、
さきが 5つに わかれて らっぱの
ような かたちに ひらきます。
よくみると、わかれた
はなびらの あいだにも
ちいさな でっぱりが あります。
はなは、てんきの わるい ひや
よるには とじてしまいます。

はなのように　みえますが、1つ1つが　つぼみです。
あきの　おひがんの　ころに、まっかな　はなが　さきます。

なんの　つぼみでしょう。

ひがんばなの　つぼみと　はな

ひがんばなの　つぼみです。

べつべつの　はなが　くきを
とりかこむように　さくので、まるで
1つの　はなのように　みえます。

ひがんばなは、まっすぐ　のびた　くきの
さきに　ついた　5つから　7つの　つぼみが、
よこを　むいて　さきます。
つぼみは　たてに　さけて、ふちが　ひらひらの
ほそながい　6まいの　はなびらが　ひらきます。
はなびらの　さきは　くるりと　そりかえり、
6ぽんの　おしべと　1ぽんの　めしべが
ながく　のびて　めだちます。
はなが　さいている　あいだは、
はが　ありません。
はなが　かれてから　はが　のびるのです。

いっせいに　ひらいた　はな

野山に咲く花のつぼみを見てみよう

野山に足をのばしてみると、学校のまわりなど身近でよく見かける花もありますが、ふだんあまり見かけない花もたくさんあります。キキョウの花は5つに裂けた星形です。カラスノエンドウの花はチョウが左右に羽を開いたような形です。ノアザミの花は、つんつんとした細い花びらが集まっています。花の形がずいぶんちがうので、つぼみの形もちがうのでしょうか。

キキョウのつぼみは、空気が入った風船のようにふくらんだ形です。つぼみが大きくなるにつれて、緑色から白っぽい色へ、さらに紫色へと色づいていき、つぼみの先が5つに割れるようにして花が咲きます。「がく」も5つに分かれています。おしべは5本で、おしべが花粉を出し終わって枯れる頃に、めしべの先が5つに分かれて開きます。園芸品種は花だんなどで見かけますが、野山に自生するキキョウは数を減らし、絶滅危惧種に指定されています。

カラスノエンドウのつぼみは、縦半分にたたまれた細長い形をしています。つぼみが左右に開くと、チョウの羽のような左右対称の形の花になります。大きな花びらの中央に中くらいの花びらが2枚向かい合わせについていて、中くらいの花びらの中央にさらに小さな2枚の花びらがついています。小さな花びらに包まれるようにおしべが10本とめしべが1本あります。

ノアザミのつぼみは、「総苞」という細長い葉が、うろこのようにたくさん重なって、つぼみを守るように外側をおおっています。
ノアザミはキク科の仲間です。キク科の花は独特な花のつくりで、小さな花がたくさん集まって大きな花をつくっています。この花のつくりを頭花といいます。ノアザミは針のように突き出た花1つ1つにおしべとめしべがあり、それぞれが個別の花なのです。「総苞」からたくさんの花びらが伸びて、ふんわりと丸い形に咲きます。

野山を歩くときには、花のつぼみを探してみましょう。そして、そのつぼみがどんな花を咲かせるのか観察してみると、新たなおどろきがあるかもしれません。

つぼみの ずかんシリーズ 全3巻

稲垣栄洋 監修

さまざまな花のつぼみと花が開くようすを写真で紹介した図鑑シリーズ。花に比べて目立ちにくいつぼみですが、よく観察してみると、花に色や形がいろいろあるように、つぼみも花ごとに違います。つぼみの形や開いて花になるようすなど、つぼみから咲くまでの過程を観察することで新しい発見や観察眼を養うことにつながります。

がっこうのまわりの はな

第1巻

ソフトクリームみたいな形のアサガオのつぼみ、両手を合わせたようなチューリップのつぼみ、小さな丸い形が集まったアジサイのつぼみなど、学校のまわりや庭や公園でよく見かける花を紹介。学校や家で栽培されていて観察しやすい花を多く掲載しています。

アサガオ／パンジー／スズラン／チューリップ／スイセン／サクラ／アジサイ／オシロイバナ／ヒマワリ／ルピナス／コスモス／シクラメン

のやまの はな

第2巻

風船のようにふくらんだキキョウのつぼみ、真ん中でたたまれて細長い形のカラスノエンドウのつぼみ、うろこのように重なった総苞に包まれたノアザミのつぼみなど、野山に咲く花を紹介。郊外での散策やハイキングなどの際に見られる花を多く掲載しています。

キキョウ／タンポポ／オオイヌノフグリ／カラスノエンドウ／ハルジオン／ノアザミ／カワラナデシコ／ネジバナ／ヤマユリ／クズ／リンドウ／ヒガンバナ

みずべの はな

第3巻

花びらが何枚も重なったハスのつぼみ、つんと先がとがったカキツバタのつぼみ、ブドウのように丸いつぼみがたくさんついたサガリバナのつぼみなど、川や海などの水辺に咲く花を紹介。学校のまわりや野山に咲く花とは少し異なる特徴の花を掲載しています。

ハス／ワサビ／カキツバタ／ミズバショウ／リュウキンカ／オランダガラシ／サギソウ／バイカモ／サガリバナ／ハマボウフウ／ハマヒルガオ／ハマボウ

■編集スタッフ

編集　　　　　室橋織江
文　　　　　　栗栖美樹
装丁・デザイン　鷹觜麻衣子
写真　　　　　PIXTA
　　　　　　　フォトライブラリー

よりよい本づくりをめざして

お客さまのご意見・ご感想をうかがいたく、読者アンケートにご協力ください。

アンケートはこちら！⬇

つぼみの ずかん
のやまの はな

初版発行　2024年3月　　第3刷発行　2024年10月

監修　　稲垣栄洋
発行所　株式会社 金の星社
　　　　〒111-0056　東京都台東区小島1-4-3
　　　　TEL 03-3861-1861（代表）　FAX 03-3861-1507
　　　　振替 00100-0-64678　ホームページ https://www.kinnohoshi.co.jp
印刷　　株式会社 広済堂ネクスト
製本　　株式会社 難波製本

NDC479　32ページ　26.6cm　ISBN978-4-323-04194-0
©Orie Murohashi, 2024　Published by KIN-NO-HOSHI SHA, Tokyo, Japan
■乱丁落丁本は、ご面倒ですが小社販売部宛ご送付下さい。送料小社負担にてお取替えいたします。

はなが　さく　じき

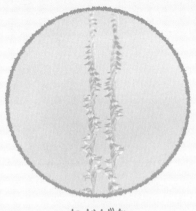

ねじばな
5〜8がつ（②かん）

はまぼうふう
6〜7がつ（③かん）

ばいかも
6〜8がつ（③かん）

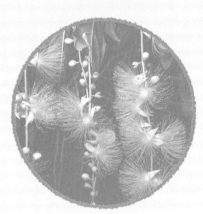

さがりばな
6〜8がつ（③かん）

やまゆり
7〜8がつ（②かん）

さぎそう
7〜8がつ（③かん）

はす
7〜8がつ（③かん）

はまぼう
7〜8がつ（③かん）

あさがお
7〜9がつ（①かん）

①かん『がっこうのまわりの はな』　②かん『のやまの はな』　③かん『みずべの はな』